童趣出版有限公司编　　人民邮电出版社出版
北　京

图书在版编目（CIP）数据

古建筑里的中国智慧 : 美轮美奂 / 李华东著 ; 吴聪绘 ; 童趣出版有限公司编. -- 北京 : 人民邮电出版社, 2023.12
ISBN 978-7-115-61982-2

Ⅰ. ①古… Ⅱ. ①李… ②吴… ③童… Ⅲ. ①古建筑－中国－少儿读物 Ⅳ. ①TU-092.2

中国国家版本馆CIP数据核字(2023)第111352号

著　　：李华东
绘　　：吴　聪
责任编辑：陈媛婧
执行编辑：晏一鸣
责任印制：赵幸荣
封面设计：田东明
排版制作：柒拾叁号

编　　：童趣出版有限公司
出　　版：人民邮电出版社
地　　址：北京市丰台区成寿寺路11号邮电出版大厦（100164）
网　　址：www.childrenfun.com.cn

读者热线：010-81054177
经销电话：010-81054120

印　　刷：雅迪云印（天津）科技有限公司
开　　本：787×889 1/12
印　　张：7.7
字　　数：80千字
版　　次：2023年12月第1版　2024年8月第2次印刷
书　　号：ISBN 978-7-115-61982-2
定　　价：48.00元

李华东

博士（毕业于清华大学建筑学院）
长期从事建筑史及文化遗产保护研究
先后主持多项国家、部委研究课题

吴　聪

参与多部图书封面及插图的绘制
个人原创漫画签约动漫平台连载
曾担任成都市天府新区文创宣传项目美术设计

读懂古建筑
理解中国智慧

“‘拐弯抹角’这个词，它本来的意思啊，是古建筑中的一种做法，指的是把街巷拐弯处房子的外墙倒一个角，这样更加方便人们通行，体现的是以公共利益为重的美德……”

听见没？这是小镇里一处老宅在给我们讲中国古代建筑的智慧呢！

古建筑能说话？是的。只不过呢，它们是用自己的一砖一瓦、一梁一柱、一个图案、一种做法来讲述……我们用耳朵是听不见的，只能用眼去观察，用心去领悟。

如果用心去学习，古建筑将教会我们怎样和山水森林一体共生，和虫鱼鸟兽和谐相处，和家人邻里相亲相爱，让自己内心平静安详。它们教我们如何抵御自然灾害，如何利用阳光和雨水，如何做到赏心悦目，如何享受诗情画意……它们能讲述的智慧和知识、技巧与方法实在丰富多彩，用一句话总结：它们将教会我们中国人最伟大的智慧，实现人与自然、人与他人、人与自己的和谐，从而实现社会的可持续发展。

在祖国辽阔的土地上，屹立着壮丽的宫殿、庄严的寺庙、悦目的园林、雅致的民居、优美的桥梁等古建筑。它们像一颗颗闪闪发亮的宝石，被大家喜爱和珍视。它们在全世界独树一帜，辉煌的成就让每一个中华儿女深感光荣。它们最重要的价值，是作为蕴藏中国智慧的重要宝库。我们不但要会欣赏它们美丽的外表，更要深刻理解它们所承载的让中华民族数千年生生不息的智慧，因为这事关我们的将来。

中华民族的伟大复兴，必然以文化的复兴为前提。而优秀的传统文化，是文化复兴的基础。传统文化除了记载在书籍中，流传在语言中，也在一处处古建筑上留下了烙印。这套书，就是努力尝试着通过理解古建筑，来给中华文化宝库开启一道小小的门缝。希望你能顺着这道门缝，打开这座宝库的大门，并且一直向前，探索其中无尽的宝藏。

前人的背影早已消逝在岁月的烟尘中，但默默矗立在大地上的那一座座古城、一处处古村、一栋栋老屋，仍然闪烁着他们智慧和精神的光辉。我们应该做的，就是延续他们的血脉、传承他们的智慧、发扬他们的精神，并且在这个基础上结合今天的实际，创造性转化、创新性发展，实现我们今天的文化成就，营造出有中国特色、中国风格、中国气派的中国人特有的家园，进而为中国式现代化、中华民族现代文明的建设，做出应有的贡献。

时代赋予我们的历史责任，就是要保护、传承并弘扬中华优秀传统文化，让中华民族的伟大复兴，凸显更宏伟、更长远、更深刻的意义。少年强，则中国强！青少年朋友们，不要在电子屏幕上浪费过多的时间，去山山水水中感受大自然的美丽，来森林田野中感悟生命的力量；闲暇时多去逛逛古城、古镇、古村，多看看那些饱经沧桑的古建筑，多多体悟我们中国人优良的气质和品格，在各行各业中，在日常的生活中，传承中国智慧，创造一个更美好的世界，然后守护它、享受它。

青少年朋友们，加油！未来将由你们来创造！

李华东
2023 年 10 月于北京

目录

第一部分

至善至美的境界

目录

第二部分

滋养心灵之美

第一部分
至善至美的境界

风景，因建筑而更高妙

“故人西辞黄鹤楼，烟花三月下扬州。”

“欲穷千里目，更上一层楼。”

“窗含西岭千秋雪，门泊东吴万里船。”

…………

你发现了吗？这些朗朗上口的诗句中都有建筑的影子。

这不是单纯的巧合，而是因为中华民族向来都是富于诗意和浪漫情怀的。我们喜欢用建筑为大自然点睛，为此耗时费工也在所不惜。只有这样，才能把人文情感和自然之美相融合，把自然景色升华为精神意境。

这，便是中国人心中最高妙的风景。

五嶽獨尊
昂頭天外

在这种审美观的指引下，中国人心中的建筑不只是简单的生产和生活场所，更是沟通天地的桥梁、安放心灵的归处。

就拿泰山来说吧，除了雄伟奇绝的自然景观，山上还有无数的寺庙、碑刻等人文景观，既有突出的自然科学价值，又有杰出的美学和历史文化价值，获得了全世界的赞誉。

因实用而美丽

你能从古建筑里找到方形或者三角形的木柱吗？这可太难了，因为木柱几乎都是圆形的。这是为什么呢？

原因很简单，树干天生就是圆形的啊！圆柱子不仅好看，还能最大限度地节约木材。作为连接人与自然的桥梁，建筑和绘画、音乐等艺术门类最大的区别，就在于它首先要实用和方便。

中国古代建筑的高明之处就在于几乎所有艺术装饰都以实用为基础，运用各种巧思将美学效果注入其中，从而实现功能、材料、工艺、艺术、意志、情感的统一，达到天人合一、至善至美的境界。

实用，以人为尺度

中国古代建筑无论等级多么高、规模多么庞大、形象多么雄伟，它们服务于日常生活的部分，追求的仍然是亲切可人、舒适自在的感觉。人们生活在里面，不会因为空间过大而感到空旷、畏惧，也不会因为空间过小而觉得狭窄、压抑。

在以人为营造尺度的原则下，就连皇帝日常活动、居住的场所，在尺度上也和普通人家没多大区别。

既要实用，也要美

读到这里，你可能会有点儿疑惑：既然追求实用，那干脆把粗壮的木料直接拿去用好了，为什么还要辛辛苦苦地加工，甚至进行繁复的雕刻呢？

因为对中国人来说，那样就缺失美感了呀！虽然古建筑中大部分艺术装饰都具有实用功能，但中国人对美的追求却是坚定而执着的。

美，要无处不在

许多看起来费时又费力的细节，背后都是人们对美好的追求，而这种追求在中国古代建筑中无处不在。

地面上要用石、砖、瓦铺出千姿百态的铺地，台基角部要匍匐着威严的角兽，柱础要精雕细琢，门口要立着纹样繁复华丽的抱鼓石，梁枋（fāng）要画上彩画、雕出故事……

每一个小小的构件，古人都不会马虎，一定要把它做成寓意丰富、形态美丽的艺术品。

柱础：为了隔绝潮气而垫在柱子下面的石块，工匠们往往会把它雕刻成精美的艺术品。

抱鼓石：用来固定门框的大石块，做成鼓的样子，用来彰显主人家的地位。

古建筑的「美丽说」

南方建筑通透轻盈，北方建筑厚重敦实；白族建筑清丽淡雅，藏族建筑浓烈艳丽；秦汉建筑质朴刚健，宋代建筑端庄飘逸……可以说，是自然、民族和时代，共同织就了五彩斑斓的古建筑图景。

现在，相信你已经感受到古建筑的美了。但这种感受好像还很模糊，很难清晰地将它们描述出来。别着急，在接下来的篇章里，我们会一点一滴、抽丝剥茧地去发现古建筑的美。到时候，你就知道它们到底美在何处，因何而美了！

准备好了吗？让我们穿越浩浩荡荡的历史长河，到至善至美的古建筑世界里一探究竟吧！

孔雀飞过轻盈通透的傣族竹楼。

返璞归真的素颜之美

刚出生时的你一定是素颜，也是妈妈心中最可爱的样子。建筑的“素颜”，就是材料天然的本色。土就是土，木就是木，石就是石，竹就是竹。把它们的美真实地表现出来，就形成了古建筑所崇尚的“素颜之美”。

为了将古建筑的“素颜之美”展现得酣畅淋漓，古代工匠发展出许多加工、组合的技巧，比如刨光原木凸显木材的自然纹理，劈竹成篾（miè）编织精美的图案，夯（hāng）土为墙留下版筑的痕迹……

随着时光流逝，木梁渐渐弯曲，粉墙变得斑驳，门环有了锈迹……“素颜之美”中便会增添几分沧桑的韵味，而中国人很懂得欣赏这种美。

用天然石块砌墙，需要很高的技巧。

把漂亮的木纹刨出来！

融于环境的自然之美

面对大自然，中国古人始终是谦逊平和的，建筑也追求与大自然融为一体。

从选址开始，人们会遵循因山就势、沿坡随河、高低错落的原则，然后就地取材，用本土的材料建造融于本土环境的房屋。建筑的色彩、街巷的宽窄、房屋的高低，都会尽量与周边环境相协调，使建筑能够默默地融入山水林木之中。

若即若离的距离之美

中国古人在欣赏青山绿水时，要么是行在山道上，要么是坐在景亭中，与欣赏对象保持着一定的距离。这是因为我们中国人很早就将“距离产生美”的理念融入了建筑。

不仅人与自然保持着若即若离的关系，即便在一家之中，中国古人也会通过前院后院、正房厢房、座次东西等空间的划分，来确立家庭成员间的地位和距离。

你在生活中，还发现了哪些因为距离产生的美呢？

严谨有序之美

为什么皇帝的住宅称“宫”，王侯将相的称“府”，普通官员士绅的称“宅”，而老百姓的就只能称为“家”呢？其中的缘故与古代的礼制有关。

中国古代建筑是非常讲“礼”的，一切建设活动都得符合“礼”。不同等级城市的规模、布局、城墙高度、城门数量、道路宽度等，不同身份人家住宅的大小、开间数量、屋顶形式、装饰纹样等，都要“合礼”“合规”才行。

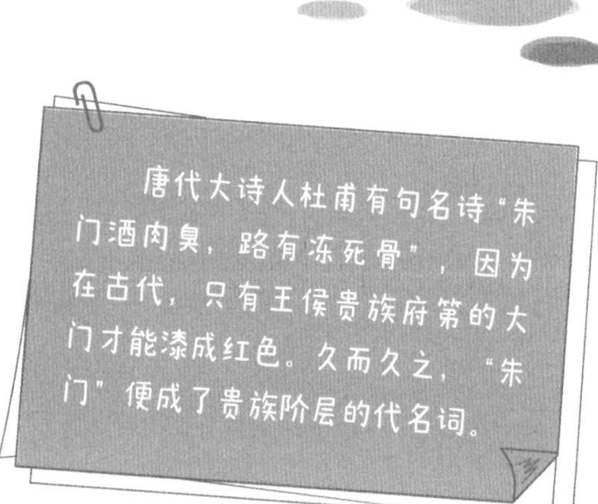

唐代大诗人杜甫有句名诗“朱门酒肉臭，路有冻死骨”，因为在古代，只有王侯贵族府第的大门才能漆成红色。久而久之，“朱门”便成了贵族阶层的代名词。

在清代的北京，看到四合院前这些不同等级的大门，就知道这户人家的社会地位了。

王府大门

广亮大门

蛮子门

潇洒、活泼的浪漫之美

虽然古建筑基本上被礼制束缚得规规矩矩，但是中国古代建筑的整体面貌，反而在严肃端庄中透露着一股子潇洒、活泼的鲜活劲。尤其是那些身处偏远之地的民居，因为地域、文化、主人家财力、地形、个人喜好等不同，建筑更加灵活自由，形态千变万化，装饰丰富多彩，成为中国古代建筑中最为活泼可爱的部分。

故宫断虹桥上有一头搞怪的汉白玉狮子，

它挠着头，表情苦恼。

理性和浪漫交织之美

建筑设计不是纯粹的浪漫艺术，它需要理性的技术才能建造起来，并满足一定的功能需要。

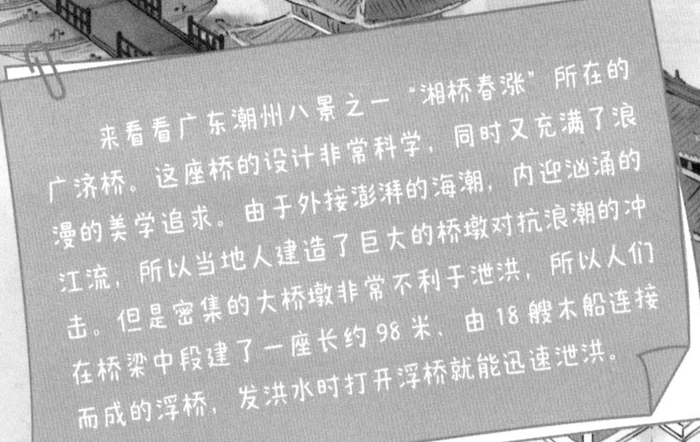

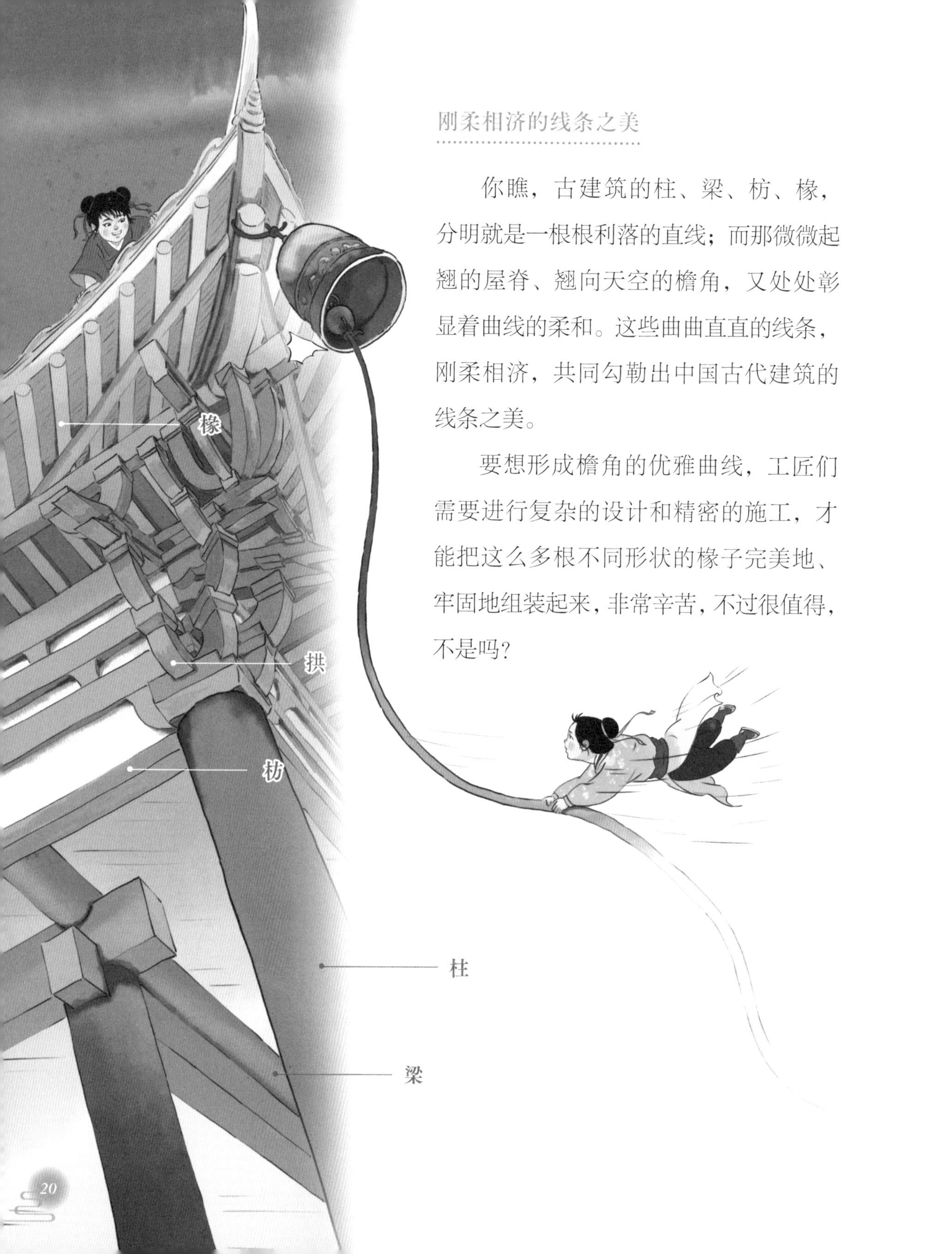

刚柔相济的线条之美

你瞧，古建筑的柱、梁、枋、椽，分明就是一根根利落的直线；而那微微起翘的屋脊、翘向天空的檐角，又处处彰显着曲线的柔和。这些曲曲直直的线条，刚柔相济，共同勾勒出中国古代建筑的线条之美。

要想形成檐角的优雅曲线，工匠们需要进行复杂的设计和精密的施工，才能把这么多根不同形状的椽子完美地、牢固地组装起来，非常辛苦，不过很值得，不是吗？

勾勒好古建筑的线条，下面就该“上色”啦！

北方冬季万物凋零，建筑就多选用鲜明艳丽的色彩，以减弱冬日冷清肃杀的气氛；而江南四季常青，生机勃勃，因此就选用相对素淡的色彩，形成秀丽清雅的格调。中国古代工匠根据自然环境以及建筑的等级、用途，大胆又慎重地调配出最适合的颜色，营造出赏心悦目的色彩之美。

你知道为什么皇帝喜欢黄色吗？因为“五行”之中，中央属“土”，而土是黄色的。所以在古代，明黄色是皇家专用色，紫禁城上覆盖着的琉璃瓦，多数都是黄色的。中国人又赋予红色崇高、庄严的文化性格，所以大面积的宫墙、柱子、门窗都漆成朱红色。蓝天、绿树、黄瓦、红墙……各种色彩巧妙运用，成功渲染出紫禁城神圣而又庄严的氛围。

幽幽暗暗的别样之美

古建筑的房间，就算是在豪门大宅甚至皇宫里的，处处都亮堂的真不算多。在层层的深院中，出檐深远的屋顶遮蔽下，暗色的木板墙、细密的花窗格、朦胧的窗户纸……一点儿一点儿地减少了透进屋中的光亮，氛围越来越幽静，人们感觉更安全、自在和舒适。

不同季节、不同天气、不同时刻的光透过窗格，在房间里化作万千捉摸不定的光影。若没有这样的幽幽暗暗，哪里又会有“何当共剪西窗烛”“明月夜，小轩窗……”这样流传千古的诗意呢？

中庸适度之美

中国人从来不喜欢走极端，而是崇尚中庸、适度的理念。简单地说，就是不多不少刚刚好。屋子太大则空旷，太小则窘迫；太华丽则奢靡，太朴素则寒碜；太整齐则无趣，太活泼则凌乱……凡事都不可过度，这种理念塑造了中国古代建筑的中庸适度之美。

在古建筑中，用石子儿铺装地面讲究适度。面积大的庭院，石子儿就选大些的；而面积较小的庭院，就选择小一些的石子儿，才能将庭院营造得精巧雅致。

信仰之美

佛教曾经对中国古代建筑产生了重要的影响。山野城镇中点缀着宏伟的佛寺、高耸的塔幢、壮观的石窟、玲珑的小庙……成为神州大地上令人印象深刻的风景。

金刚宝座塔是用来象征佛教世界构造观念的一种佛塔形式。位于中央的塔较大，代表须弥山；四角的塔则较小，代表四大部洲。五塔共同构成了一个完整的传说世界。

数的和谐之美

在中国古代的文化观念中，数字可不只是数学中的“数”，而是暗含着与天地相通的玄机。所以，无论煌煌宫殿还是小巧民宅，往往都要把“数”的关系和内涵融入建筑之中，来表达对和谐、美满的追求。

根据“天一生水，地六成之”的说法，古人认为六开间的做法有防火的作用，所以珍藏宝贵书籍的藏书楼，会被设计成其他建筑不会采用的六开间。

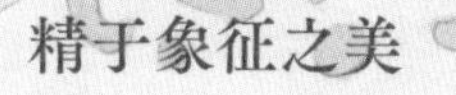

精于象征之美

中国古人崇尚“道法自然”，也就是模仿、学习自然。这种观念也影响了古建筑的营造，于是中国历史上就有了鲤鱼城、卧牛城、梅花城、葫芦城等“仿生建筑”。

安徽黄山宏村的水系设计，是向牛学来的。半月形的池塘是“牛胃”，穿越村落的潺潺溪水是“牛肠”，溪水汇入的南湖是“牛肚”，溪上的四座木桥是“牛腿”…… 这种设计为用水提供了便利，调节了村落的小气候，更形成了引人入胜的优美景观。

修真觀
天则一算
人有千算
浙江修真观的大门上，
巨大的木雕算盘和“人有千算，天则一算”的对联
主动地告诫人们：
与其机关算尽，不如坦坦荡荡地生活吧！

教化寓意之美

古建筑中有很多装饰，它们存在的意义不仅是“悦目”，还有“赏心”。在满足建筑实用功能的同时，不同的装饰往往承载着不同的寓意，比如表达对吉祥美满之向往的“双鱼吉庆”“喜上眉梢”等，还有宣讲仁、义、礼、智、信等传统美德的“岁寒三友”“桃园结义”等。这些美丽的雕刻、彩绘、楹（yíng）联、匾额，使建筑成为具有人文教化功能的“学校”，也成就了中国古代建筑的人文特色。

大量的文字装饰是我们中国人独到的建筑美学手法，通过楹联、匾额、墨书、题刻等，将建筑与人生哲理、传统美德、家风家训等相结合，起到潜移默化的教育作用。这在世界上是独一无二的。

中国传统雕刻纹样中的“岳母刺字”和“鹿鹤同春”。

艺无止境的匠心之美

拿起画笔，我们就可以在纸上随意描描画画，但建筑美学的呈现没有这么简单，因为这要通过各种材料的加工来实现，需要无数工匠的心血来浇灌。

怀着对美的执着追求，工匠们以斧头、錾（zàn）子、刻刀为工具，以木头、石砖、泥土为材料，创造出图案古雅的瓦当与滴水、精雕细琢的木质构件、异彩纷呈的石头柱础、繁复细腻的砖雕门头、流光溢彩的琉璃照壁、内容丰富的丹青彩画……

他们用奇特的想象力、巧妙的构思、精湛的工艺和丰富的寓意，给建筑罩上了漂亮的外衣，也充实了建筑的文化内涵。

为了便于理解，中国古代建筑的装饰多使用具体形象，很少用抽象的图案。就像佛寺中的壁画，经过工匠们的细腻描绘，那些深奥的佛经内容就变得一目了然啦！

群体组合之美

就像没有一个音符会比整首曲子更重要，中国古代建筑也高度注重“整体”，并不强调“个体”。因此，当我们说起某建筑时，往往指的是一群建筑，比如城隍庙、王家大院、少林寺……

古建筑获得大规模建筑面积的方法，是在平面上不断地重复房屋和庭院构成的基本单元，而不是像现代楼房那样把建筑向高空扩展。所以，古建筑群整体的布局、组合技巧就得到了高度的发展，达到了很高的艺术水平。

北海琼华岛

小小的北海琼华岛上，密布着为数众多的建筑、叠石、林木等。但通过巧妙的布置，非但丝毫没有凌乱拥挤之感，琳琅满目、疏密有致、主次分明的各种建筑，反倒渲染出琼华岛神海仙山的意韵。

无心之美，才是最美

就像一朵花不是为谁而开一样，中国古代建筑的美也不是为让谁欣赏而刻意雕琢的。

自然而然，无心而为，宛若天开，是中国人心目中最高的审美境界。在上天赐予的自然环境中，人们用自己能够获得的材料，再配上适合这些材料的工艺建造房屋，从而满足生活需要。不曾刻意雕琢，反而成就了中国古代建筑的无心之美。

花开无言，叶落无声，风过无影，水逝无痕。最美的风景，往往让人意识不到这是设计成果，而是觉得一切本应如此。就像大树下久经沧桑的凉亭、阳光下摇曳着树影的粉墙，能够轻轻柔柔地唤醒人们心灵深处那份对美好的向往。

聆听古建筑的乐章

就像森林里没有两片完全相同的树叶，古代也没有两栋一模一样的房子。古建筑各式各样，聚在一起时，我们却不会感觉凌乱，这是为什么呢？

原因很简单，因为在同一地区，古建筑的材料、形式、工艺基本上都是相同的。在这个前提下，聪明的古人再融入自己的审美个性，演绎出细微的变化，才使我们的古建筑既不会单调无趣，又不会突兀杂乱；既和谐统一，又变化万千。

古城里的建筑明明有大有小、有塔有屋，
每座都长得不一样，可看起来却十分和谐。

这种“在统一中求变化”的特点，其实也是中国人的写照。黄皮肤、黑头发、黑眼睛的中国人，生活在相对统一的社会中，使用着相对统一的礼仪和规范，因此很多人的行为举止，甚至衣着都很相似，这构成了整个古代社会生活的大背景。

在这一背景下，人与人的性格却千差万别，喜好各不相同，古建筑也是如此，所以我们的文化成就才会那样丰富多彩、光辉灿烂。

江南小镇看似千篇一律，实则各具风采哟！

建筑学中有句名言：“建筑是凝固的音乐”。但对中国古代建筑而言，建筑更像是“时刻都在演奏的乐章”。

从设计之初，中国人就不打算从一个特定的点观赏建筑，而是选择用山水、庭院、植被、房屋、院墙等，把空间分隔成一个一个的“音符”，随着人们在空间中的移动，连缀成一曲曲或宏丽如宫殿，或婉约如园林，或古朴如民居的乐章。

精心布局的建筑空间，在起、承、转、合中逐渐展开，体现出一种行云流水般的韵律，让人百听不厌。

我们都知道，音乐的力量不只在于动人的旋律，更在于其滋养人心的力量，古建筑演奏出的乐章也是如此。

这些乐章是如何流淌进人们内心深处的？它们在滋养人心的过程中又形成了怎样独特的美？这些问题的答案，还需要我们继续探索。

第二部分
滋养心灵之美

建筑之美，美在人心

真正的幸福源于内心，中国古人早就明白这个道理。

因此，他们往往把更多精力投向了那些专门满足心灵需求的建筑，比如供奉祖先圣贤的祠堂、礼敬佛道神仙的寺观、读书求学的书院、陶冶情操的园林等。

可以说，中国古代建筑显著的特色之一，就是它们不仅是能够遮风挡雨的容身之所，更是能够安放心灵的家园。

接下来，让我们通过一些例子看看古建筑是如何安抚人们心灵的吧！

曲阜孔庙是中国，也是古代东亚人民心目中的圣地。

黄土高原的地坑院让一大家子同在大地母亲的怀抱之中，过着宁静悠然的日子。

在建筑的滋养下生活

在崇德向善的氛围下生活

从“做人不能愧对列祖列宗”“炎黄子孙”这些表述中就能看出，中国人对祖先是非常崇敬的。甚至，在古人心中，如果因为作恶而被逐出祠堂、从族谱中除名，那是比死亡更可怕的惩罚。

这种对祖先的崇敬也反映在古建筑中：大家族中规模最大、最华丽的建筑，一定是祭祀祖先的祠堂；小家庭中最神圣的地方，一定是供奉祖先牌位的堂屋。

就这样，古人一边从祖先身上汲取心灵的力量，一边在祖先的注视下约束自己的言行，认真、努力地生活。

除了来自祖先的护佑，在科学不是很发达的古代，人们还相信“举头三尺有神明”。意思是说，有很多神明在暗中照看着人间，保护着人们。

你一定看过《西游记》吧？里面的玉皇大帝、观音菩萨、如来佛祖都是人人熟知的神明。此外，各个地方还有自己特别的地方神，比如山西的七岩娘娘、福建的临水夫人等。甚至烧炭的、剃头的、经商的、养蚕的，三百六十行，行行都有自己的神。

祭拜各路神明，祈祷他们的庇佑，也是过去人们生活中的重要活动。

山有山神，河有河神，树有树神，门有门神，村口有土地公，墙角有石敢当，灶房有灶王爷……甚至床头，也有位床头婆婆。在古人心中，神明无处不在，他们像监察官一样随时随地注视着人们的行为，肩负惩恶扬善的职责。

虽然神明的存在只是想象，但给人们带来了道德的约束和心灵的慰藉，也给今天的世界留下了无数或庄严壮美，或小巧精致的庙宇，这些可都是中国古代建筑的重要组成部分呢！

石敢当：立在房屋墙角的小石碑，上面刻着“石敢当”或“泰山石敢当”，用来驱赶所谓的“妖邪”。

床头婆婆：专门保护儿童，尤其是女孩儿的慈爱床神。

"城隍"是各地名正言顺的守护神，通常由本地历史上有杰出贡献、正直勇猛的人物神化而成。在古代，都、州、府、县都建有城隍庙，作为城隍爷的"家"和"办公室"。

有些地方逢年过节时，人们还会抬着城隍爷四处巡游，查看人间呢！

在稳定的秩序中生活

我是谁？我从哪里来？面对这样的终极拷问，中国人发展出了一套复杂的身份系统来回应。

古代的人，除了有我们熟悉的“姓”和“名”，还有“氏”“排行”“堂号”“郡望”等。在社会、宗族、家庭这张错综复杂的“大地图”上，它们的作用就像是坐标，能够清晰地定位一个人，给人明确的归属感和安全感。

“爱莲堂”的主人一定有“出淤泥而不染”的情操吧！

氏：古代在同“姓”的大族之下，用来区分不同分支的标记，合称“姓氏”。

堂号：古代一户人家给自己取的称号，多源自本姓祖上某一历史名人的典故事迹或趣闻佳话。

郡望：“郡”是行政区划，“望”是名门望族，“郡望”表示某一地区的名门大族。

匾额：悬挂在屋檐下，写有文字的长方形木板。

古建筑也是巩固这种秩序的重要一环。匾额上写“某某衍派”，是用来表明自家姓氏的来历；“某某传芳（流芳）”是让家族中的杰出人物作为自家的“代言人”。有的人家还有堂号，用来说明自家和宗族中其他各堂的关系，或标榜自家的道德情操。

这一切，都是为了让子孙永远记住自己是谁，从哪里来，该往何处去，这样人生才能行稳、致远。

在美德的感召下生活

为了培养人的情操，教化人的品德，古人想出了很多办法。他们将建筑变成一所所“学堂”，在日常生活中歌颂美德，强调信仰。

除了我们前面提到过的祠堂，在过去的村寨中，庙宇、鼓楼、寨心等，也是各族人民信仰生活中必不可少的建筑。

作为村寨守护神的居所，也是村寨建造的起点和中心，这些建筑凝聚着村寨的人心，寄托着人们的乡愁，也影响着村寨空间形态的构成。

不过，也不是所有寨心都是华丽、高大的建筑，有些村寨的寨心非常朴素，甚至就是块简单的木桩，但这丝毫不影响它在人们心中的地位。

就像美丽的宝石如果一直深埋土里便无人欣赏一样，美德也必须被看见、被颂扬才有教化的意义。为此，古代中国人发展出许多“旌（jīng）表”建筑，也就是专门用来表彰美德、激励后人的建筑，除了我们早已熟知的牌坊，还有旌善亭、功名石、功德碑……

安徽歙(shè)县棠樾村东的大道上，有处由7座牌坊组成的牌坊群，
与周围的农田、池塘、古亭交相辉映，动人极了！
同胞翰林
每一座牌坊都是古人对忠、孝、仁、义等传统美德的颂扬。

在榜样的指引下天天向上

在学习和生活中，你一定也有自己的榜样，并且从他们身上汲取了许多力量吧？我们中国人早就知道榜样的力量是无穷的，因此，在中国古代有一种特殊的祠堂，供奉的不是某个家族的祖先，而是值得后世人们学习的榜样人物，比如忧国忧民的文学家屈原、“鞠躬尽瘁，死而后已”的诸葛亮、伟大的“诗圣”杜甫等。

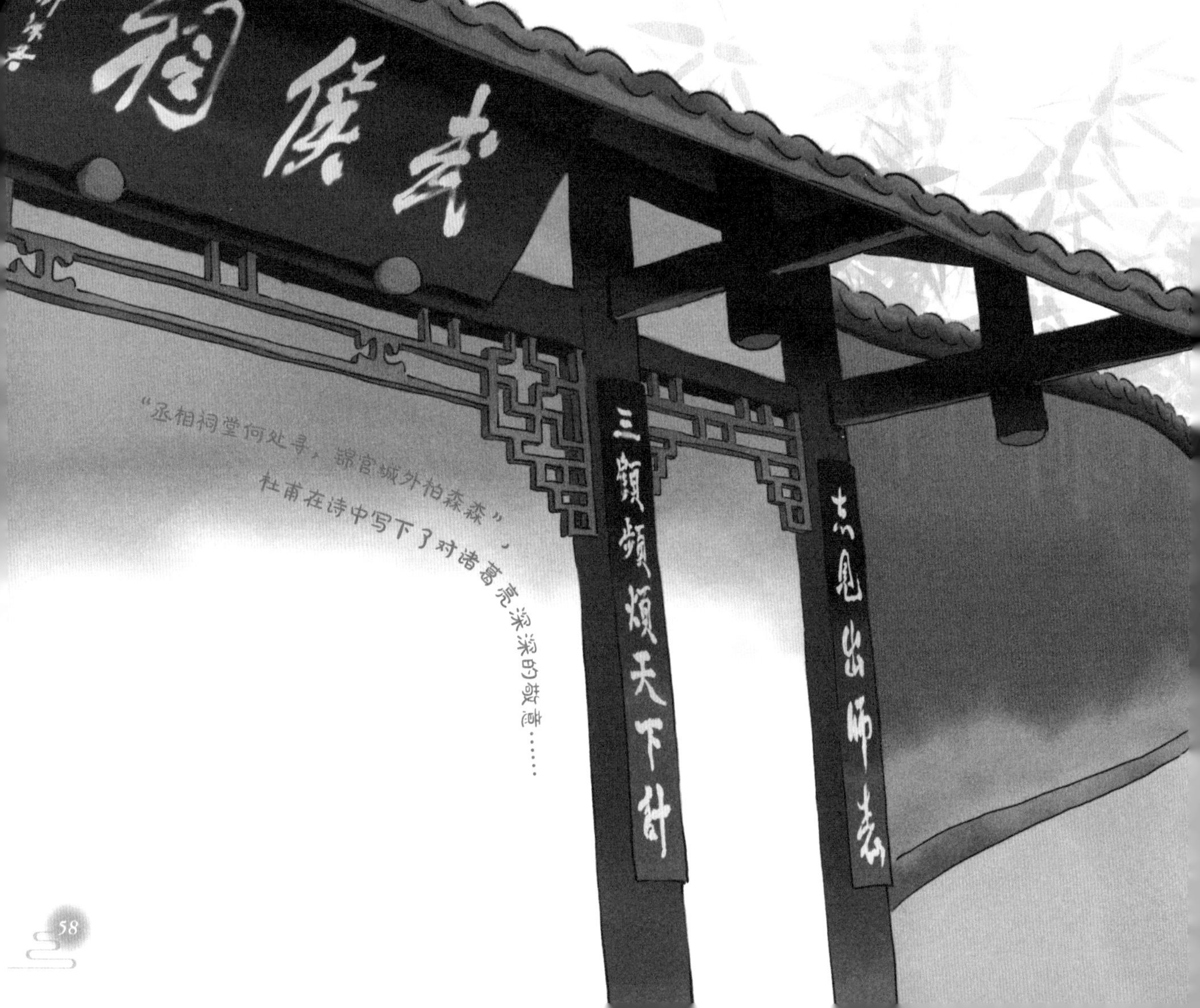

“丞相祠堂何处寻，锦官城外柏森森”，杜甫在诗中写下了对诸葛亮深深的敬意……

在祠堂里追慕他们的风采和精神，大家可以“见贤思齐”，跟随榜样的指引，为国为民做出力所能及的贡献！

昭烈庙中“义重桃园”的匾额和刘备、关羽、张飞的塑像，生动地讲述了当年“桃园结义”的情义。

直上天梯
飛石
逝者如斯
但知行好事
莫要問前程
空谷傳聲

把心情刻在石头上

精神的满足不仅需要美德和教化，也需要文学、艺术和自然的感动。

中国有种独特的艺术形式，名叫“摩崖石刻”。在过去，懂得享受文学、书法、雕刻之美的古人，会认认真真地把诗文刻在自己喜欢的“景点”上。

在码头、古道、寺庙、关隘、险峻的绝壁间、坚硬的岩石上雕刻，难度可想而知。而古人仍然不惜花费大量的时间和精力，刻下无数精美的文字，用来抒发感情、记载历史、歌咏风景，也为我们留下了无数文学、艺术与自然交相辉映的瑰丽景观。

这种对精神满足的执着追求，难道不值得我们叹服吗？

摩崖石刻：人们在天然的石壁上刻画的文字、图案、造像等。

流连在山水之间

山对中国人而言，不仅是自然的存在，更象征着崇高、伟大、永恒、安宁、仁厚，所以便有了“仁者乐山”的说法。

除了著名的“五岳”，中国还有“佛教四大名山”，道教更是有“三十六洞天”“七十二福地”……大自然的造物，加上文化的细细打磨，让每座山都成为当地人心目中独一无二的存在，也是大家浓浓乡愁的载体之一。

更有趣的是，在没办法直接看见山的庭院里，人们也要想方设法地用石头垒个假山陪伴自己。下次去园林、庭院参观时，记得留心找找看哟！

仁者乐山，智者乐水。水是生命之源，世上没有不爱水的民族，只不过，没有谁能比中国人赋予水更多、更深、更久远的文化内涵。

在中国人心中，水既是实用的，又是浪漫的。建造堤坝、水渠、池塘、水车、运河、码头、护城河等生活设施，这是实用；专门营造出临水的廊桥、观鱼的水榭（xiè）、赏荷的景亭，用水来荡涤心灵，这就是浪漫了。此外，中国古人还会对自然水系进行梳理、改造、提升，形成融湖光山色与人文精神为一体的景观，令无数文人墨客陶醉其中。

水榭：搭建在水边或部分伸入水中，供人赏景、休息的开敞房屋，往往不设墙壁。

陶醉在风花雪月中

说到建筑材料，你会想到什么？是木头、泥土，还是石头呢？

其实，中国传统的建筑材料可不止这些。善于发现美的中国古人能把风、花、雪、月等大自然的一切都融入建筑，巧妙地营造出超越物质的意境之美。

苏州拙政园的雪香云蔚亭旁种着许多蜡梅，大雪纷飞的寒冬时节，从亭中望去，盛开的蜡梅便与瑞雪交相辉映。自然之美就这样巧妙地融入建筑，令人心旷神怡。

胜雪的月光下，远山、近水、雄城、古桥，以及淡淡的离愁，一起形成醉人的意境。

除了风雪和花草，古人对月亮更是情有独钟。

相信你已经背过不少有关月亮的诗词了，但你知道吗？以“月”命名的风景、建筑也数不胜数，比如苏州网师园的“月到风来亭”、中岳嵩（sōng）山的“嵩门待月”、无锡的“二泉映月”、杭州西湖的“平湖秋月”、“燕京八景”之一的“卢沟晓月”等。

就连建筑前的台基也因为宽敞通透，而被古人认为是赏月的好地方——所谓“月台”，就是这么来的哟！

有了风花雪月的浪漫，中国人还希望通过建筑为日常生活引入更多的自然气息。

就拿传统庭院来说，除了必备的采光和通风功能，还需要向天地开敞，不受阻碍地引入日月星辰的运转、晨昏昼夜的光影、阴晴雨雪的气象、春夏秋冬的变换……可以说，庭院正是中国古代建筑的精气神之所在。

古建筑中，并不是所有庭院都会像北京四合院那样合围起来，比如川西林盘，它就没有围墙，而是直接以天地为庭院，把生产、生活和观景都融于一体，让人最大限度地和自然在一起。

川西林盘
房屋直接被竹林、稻田、池塘围绕，
推开窗就是阡陌纵横的田园风光，别提多惬意了！

只有眼睛看到的才叫风景吗？中国古人可不这么认为。

除了看得见的建筑之美，古人还巧妙地借用风、雨、流水、鸟鸣，配合房前屋后的竹林、庭院中的芭蕉、寺庙周边的松林……营造出一种可以用耳朵去倾听、用心灵去感受的“声景”。

有的建筑还专门用题名来提醒人们享受天籁之音，比如颐和园的听鹂馆、西湖的柳浪闻莺、拙政园的留听阁。还有的建筑，尤其是在寺庙、道观中，还要在檐角悬挂风铎(duó)，把风雨之声化作深刻的禅意……

仔细听，这些清雅的乐章，是自然和人心一起合奏而成的，更贴近生命的本源，也格外动人心弦。

风铎：悬挂在屋角檐下的铁制铃铛，也叫风铃、风马儿。

雨水滴滴答答地打在芭蕉叶上，也把听雨者的心冲洗得更加干净、明亮。

为了更好地欣赏、享受自然，中国古人还对自然进行了加工！最常见的是采用对景、借景、框景、漏景等方法，让风景更加有趣、怡人。

所谓对景，就是我把你看作风景，你也把我看作风景。在长廊的尽头种一棵枫树，秋来火红的枫叶就是长廊的对景。

借景呢，就是把别人的景色借用到自己的景观中来。颐和园把玉泉山的塔影借来，让它也成为自身景观中的一部分。

至于框景，就像是给无边无际的景色装了个“相框”，让它变成被建筑精心裁剪过的艺术作品。

漏景更有意思，它让人透过各种形状、各种窗格的“漏窗”去看风景，偏偏不让你看清楚……

瘦西湖
在扬州瘦西湖中，有座叫“钓鱼台”的方亭，
亭中的三个大圆洞就是“取景框”，
每个洞都框着一幅古人精心营造的绝美画面哟！
透过窗子漏进来的风景若即若离、若隐若现，美极了！

虽然自然山水、园林、庭院中的风景已经很美了，但心怀诗意的中国人并不满足于此。就算是个小小的村落，人们也会想方设法地在村里村外寻找出八景、十景，赋予它们“晓钟”“印月”“流虹”“霁雪”“晴云”“拥翠”“松风”等浪漫唯美的名目。

渐渐地，就形成了村村有景致、处处为名胜的诗意栖居环境。

你知道乾隆皇帝御笔亲题的“燕京八景”吗？它们是北海琼华岛的“琼岛春阴”、西苑水域的“太液秋风”、京西玉泉山的“玉泉趵突”、香山公园遥望到的“西山晴雪”、元大都北侧城墙上生长的“蓟门烟树”、故事已成往事的“金台夕照”、城北居庸关的“居庸叠翠”、增添行人离愁别绪的“卢沟晓月”。而类似这样的景致，在中华大地上比比皆是。

处处都有美好的祈愿

中国古代建筑还有一大特色，就是善于用富有吉祥寓意的图案、花纹装饰房屋。你瞧，屋顶、墙面、梁柱、家具等，装饰无处不在，手法也多种多样。它们不仅美化了建筑，也反映着不同时期、地区、民族的文化习俗，表达了人们对幸福的祈愿。

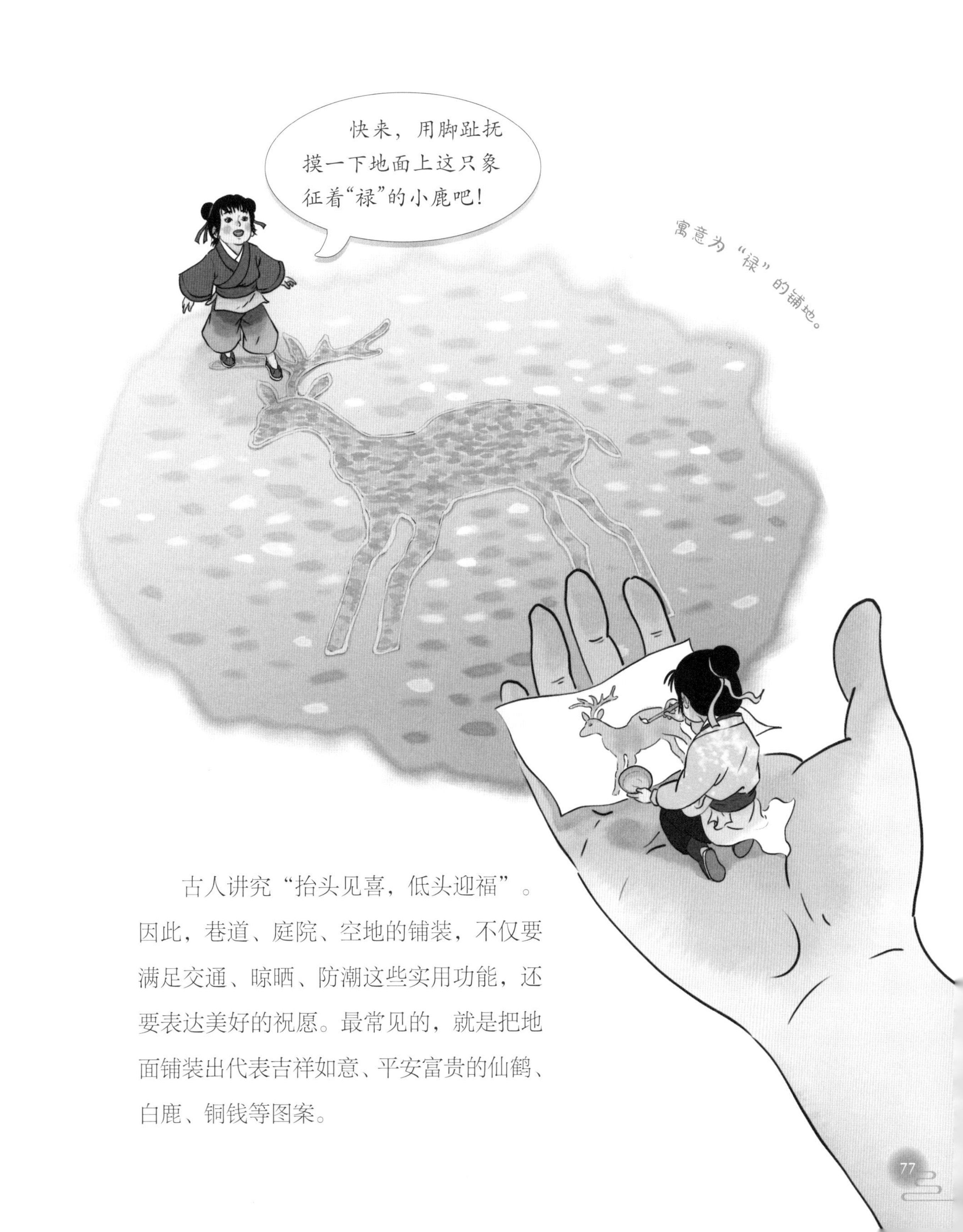

古人讲究“抬头见喜，低头迎福”。因此，巷道、庭院、空地的铺装，不仅要满足交通、晾晒、防潮这些实用功能，还要表达美好的祝愿。最常见的，就是把地面铺装出代表吉祥如意、平安富贵的仙鹤、白鹿、铜钱等图案。

坝坝宴：四川等地为欢庆丰收、节日等，大家聚集在空场（坝坝）上举行的宴会。
芦笙坪：苗族用来进行吹芦笙等活动的场地，带有神圣的意味。
摆手堂：土家族用来跳“摆手舞”的地方。

随时随地娱乐自己

对古代中国人来说，物质上也许可以贫瘠，但精神生活绝对需要富足。

他们善于用劳动号子、山歌、民谣、小调、舞蹈等娱乐活动化解劳动的艰辛，庆祝丰收的喜悦，烘托节日的氛围。

为此，传统村镇中会留出大量公共空间，比如祠堂前的空场、较宽的巷道等，便于大家开展舞龙灯、坝坝宴、游城隍等活动。有的地方，人们还会建造戏台、斗牛场（苗族）、芦笙坪（苗族）、摆手堂（土家族）等，作为专门的娱乐活动场所。

文化是建筑的灵魂

山水、草木、光影、声音，甚至阴晴雨雪的气象变化、春夏秋冬的四季流转，以及人们创作的文字、绘画、音乐、图案等，都是古人的建筑材料。这样营造出来的建筑，既是遮风避雨的栖身之所，又是让人安放心灵、感受人生、滋养生命的地方。

人建造了房屋，房屋也塑造着人。这，才是中国人居住的最高理想。

精神有故乡，心灵不流浪

旧居门楣（méi）上的郡望、堂号，让子孙永远记住自己从哪里来；祠堂墙上写着的仁、义、礼、智、信，让后代知道自己该往何处去。牌坊上记载着先人的荣光，戏台上演绎着做人的榜样……

古建筑中的点点滴滴，形成了一种强大的、源于故乡的力量，在漫漫历史长河中，这力量繁衍着一个家族，延续着一片乡土，让人们就算漂泊异乡，心也不曾流浪。

因为，故乡啊，就在心中。

你心里有故乡吗？它又在哪儿呢？

门楣：住宅正门门框上方的横梁，也用来比喻一家的名誉。

快来“阅读小驿站”歇歇脚。你看到这处驿站的谜题了吗？开动脑筋想一想。你还可以扫描封底二维码，听听建筑学家怎么说哟！

谜题一：

中国古代建筑的屋顶为什么喜欢设计成弯曲的呢？

谜题二：

彩画可以保护木构件，脊兽可以固定瓦片，还有哪些例子能说明中国古代建筑的美是实用的美？